"海底世界科普讲堂"丛书

海底
科普讲堂 QINGDAO
UNDERWATER WORLD POP-SCIENCE
世界

★ 初级教程 ★

王士莉 杨爱国 李 迪 等
◎ 主编

U0189822

中国海洋大学出版社
· 青岛 ·

图书在版编目（CIP）数据

海底世界科普讲堂：初级教程 / 王士莉等主编. —青岛：中国海洋大学出版社，2019.2

（海底世界科普讲堂 / 王士莉总主编）

ISBN 978-7-5670-2062-7

Ⅰ. ①海…　Ⅱ. ①王…　Ⅲ. ①海洋生物—少儿读物　Ⅳ. ①Q178.53-49

中国版本图书馆CIP数据核字（2019）第017272号

出版发行	中国海洋大学出版社
社　　址	青岛市香港东路23号　邮政编码　266071
出 版 人	杨立敏
网　　址	http://pub.ouc.edu.cn
订购电话	0532-82032573
责任编辑	姜佳君
电子信箱	j.jiajun@outlook.com
印　　制	青岛国彩印刷有限公司
版　　次	2019年4月第1版
印　　次	2019年4月第1次印刷
成品尺寸	185 mm × 260 mm
印　　张	5.5
字　　数	79千
印　　数	1~4000
定　　价	29.80元

如有印装质量问题，请与印厂联系调换，电话：0532-88194567

《海底世界科普讲堂：初级教程》编委会

主　任　邱　强

副主任　王士莉　夏云章　薛　巍

　　　　王金月

主　编　王士莉　杨爱国　李　迪

　　　　王东哲　孙孝德

委　员　胡海涛　杨爱国　李　迪

　　　　王东哲　孙孝德

前言
FOREWORD

　　浩瀚无垠的大海充满了神秘的色彩，孕育了无数的生命。千姿百态的海洋生物构成了美不胜收的海底世界。国际海洋生物普查的结果显示，截至2010年，已有记录的海洋鱼类有15 304种。目前已知的海洋生物有20余万种。

　　我国的海洋国土面积约300万平方千米，海岸线长度达3.2万多千米，是名副其实的海洋大国。几年来海洋科技工作者的调查研究在我国管辖海域记录了20 279种海洋生物。这些海洋生物属于5个生物界44个门。其中，原核生物界的种类最少（229种），动物界的种类最多（12 794种）。我国的海洋生物种类约占全世界海洋生物总种数的10%。

　　按照分布情况，我国海域的海洋生物大致可以分为水域海洋生物和滩涂海洋生物两大类。在水域海洋生物中，鱼类、头足类（如乌贼）和甲壳类（虾、蟹）是最主要的海洋生物，以鱼类的物种数最多，生物量最大，构成了水域海洋生物的主体。我国水域海洋生物物种数的分布趋势是南多北少，即南海的种类较多，而黄海、渤海的种类较少。黄宗国先生在《中国海洋生物种类与分布》一书中介绍，分布在我国滩涂上的海洋生物种类共有1 580

多种。其中，软体动物（我们常说的贝类）最多，有513种，其次是海藻和甲壳类，分别有358种、308种，其他类群种类很少。我国滩涂海洋生物的物种数与水域海洋生物一样，也是自北向南逐渐增多。

海洋关乎未来，科普关乎民生。青岛海底世界致力于青少年海洋科普教育，于2007年5月31日成立了国内首个海底世界科普讲堂，开设初级班、高级班、小博士班三个阶段的课程，举办了"漂浮的伞——水母""大海里的星星——海星""海中霸王——鲨鱼"等上千次海洋科普活动。海底世界科普讲堂让孩子们通过动手实验、饲养，领略海洋科学的奇妙，树立保护海洋的意识，更加了解海洋、热爱海洋。

由于作者水平所限，本书难免有错误疏漏之处，请读者批评指正。

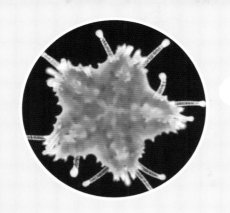

目录 CONTENTS

第一单元　海　藻

一　海藻简介

　　海藻是生活在海洋中的结构简单的植物。它们没有用于输导水分、无机盐和有机养料的维管束组织；没有真正的根、茎、叶的分化；不开花，没有果实和种子。有些种类的海藻具有根状固着器，但只能用来固着，而不能吸收营养。海藻具有叶绿素等多种光合色素，可进行光合作用。它们体型大小各异：小的只有几微米，我们必须用显微镜才能看到，如中肋骨条藻；大的长度可达300米，如巨藻。

　　海藻根据生活习性可分为浮游海藻和底栖海藻。尽管不同种类的海藻形态差异巨大，但是它们具有一个共同的功能，那就是利用自身的光合色素进行光合作用，合成有机物。因此海藻是海洋中的主要初级生产者，难怪有的人将大型海藻称为"海洋蔬菜"，将浮游海藻称为"海洋牧草"。我们在沿海常见的海藻分属于褐藻门、红藻门、绿藻门。

二　海藻的主要种类

1. 褐藻门

褐藻因含有岩藻黄素而大多呈褐色。由于岩藻黄素、叶绿素和胡萝卜素的比例不同，褐藻的颜色会有变化，有的褐藻呈现黄褐色、深褐色。"海底森林"主要由褐藻组成，所以是褐色的，而不是像陆地森林一样的绿色。褐藻有1 500~2 000种，绝大多数生活在海洋中。在世界各大洋，我们都能发现褐藻的踪迹，尤其是在寒带、温带海洋低潮带和潮下带的岩石上。褐藻中有不少大型种类，如海带可长到7~8米，被称为"藻类植物之王"的巨藻可长到50米甚至更长。我国常见的褐藻除了海带、裙带菜、巨藻之外，还有水云、索藻、酸藻、囊藻、绳藻、鹅肠菜、网地藻、团扇藻、匍枝马尾藻、鹿角菜、海蒿（hāo）子、羊栖菜等。

代表种 巨藻

　　巨藻适宜生活在冷水中，生长最适水温为8~20 ℃，因此常见于北太平洋海域。巨藻是世界上生长最快的植物之一。在适宜条件下，藻体每天可生长30~60厘米。仅需1年，一棵巨藻就能达到50多米长。巨藻的寿命一般为4~8年，长寿的个体可以存活12年。巨藻叶片上生有气囊，气囊可以产生足够的浮力使巨藻的叶片乃至整个藻体浮起，有利于光合作用。巨藻原产于北美洲大西洋沿岸，澳大利亚、新西兰、秘鲁、智利及南非沿海也有它们的踪迹。1978年，我国科学家把巨藻从墨西哥引种到我国，此后，巨藻养殖在我国沿海获得成功。

2. 红藻门

红藻含藻红蛋白，藻体呈现鲜红色、紫红色等颜色，且形态多样，有的是单细胞植物，有的是多细胞的膜状体、丝状体、柱状体等。已有记录的红藻有7 000多种，绝大多数分布于海水中，仅约5%的种类生活在淡水。红藻多数生长在低潮线附近和低潮线以下水深30～60米处，少数种类可在水深200米的海底生长。最为常见的种类有紫菜、石花菜、红毛藻、江蓠、黏管藻、海萝、蜈蚣藻、海头红、多管藻、鹧鸪菜等。

代表种　紫菜

紫菜外形呈叶状，叶状体由单层或双层细胞组成，基部有盘状固着器。藻体长度因种类不同而异，小至几厘米，大至数米。紫菜含有叶绿素、胡萝卜素、叶黄素、藻红蛋白、藻蓝蛋白等色素，不同种类的紫菜因色素含量的差异而呈现紫红色、蓝绿色、棕红色、暗绿色等颜色，但以紫色居多，紫菜因此而得名。紫菜在我国沿海地区均有分布。福建、浙南沿海多养殖坛紫菜，北方则以养殖条斑紫菜为主。干紫菜是市场上畅销的副食品。

3. 绿藻门

绿藻约有4 300种，从两极到赤道、从高山到平地均有分布。绿藻含有叶绿体，主要利用叶绿素a和叶绿素b进行光合作用，并且将能源转化为淀粉储藏起来。大部分绿藻的颜色为绿色，所以被称为绿藻。最常见的多细胞绿藻有浒苔、礁膜、石莼，它们是人们喜爱的"海洋蔬菜"。此外，还有羽藻、刺海松、伞藻等。

代表种 石莼

石莼也称作"海白菜""海青菜"，是一种常见的绿藻。近似卵圆形的叶状体由两层细胞构成，鲜绿色，基部以固着器固着于岩石上。石莼生活于海岸潮间带，特别是中、低潮带的岩石上。石莼可供食用，对于食草鱼类和无脊椎动物（如海兔）来说，是非常有营养的食物。我国沿海均有分布。

三 海藻与人类

1. 食用、药用价值

在我国，人们将海藻作为食品有悠久的历史。据统计，我国所产的大型食用藻类有50～60种。经常作为商品出售的食用藻类主要是海产藻类，如礁膜、石莼、海带、裙带菜、紫菜、石花菜等。海藻在中医领域有广泛应用：褐藻中的海带、裙带菜、羊栖菜等，都有防治甲状腺肿大的功效；红藻中的鹧鸪菜和海人草可驱除蛔虫。人们利用海藻开发了很多海洋药物、保健品及护肤品。还有人认为，经常食用海藻有降血压、防中风、抗肿瘤、保护心脏的作用。

2. 工业价值

藻类在工业上的主要用途是提供各种藻胶。褐藻门的海带、昆布、裙带菜、鹿角菜、羊栖菜等可作为食材，还可作为提取碘、甘露醇及褐藻胶的原料；巨藻、泡叶藻及马尾藻也可作为提取褐藻胶的原料。褐藻胶在食品、造纸、化工、纺织工业上用途广泛。从红藻门的石花菜、江蓠、仙菜等可提取琼胶，作为医药、化学工业的原料和生物学的培养基；从角叉藻、麒麟菜、沙菜、银杏藻、叉枝藻、蜈蚣藻、海萝和伊谷草等藻类中，可提取在食品工业上有广泛用途的卡拉胶。

3. 生态意义

海藻是海洋食物链的起点和基础，与其他海洋植物、自养细菌等一起构成海洋初级生产者。海藻通过光合作用释放氧气，同时为诸多海洋动物提供栖息、产卵、觅食的场所，对海洋生态的平衡与稳定、渔业资源的保育有不可磨灭的影响。浮游藻类资源丰富的海区是世界著名渔场所在地，如秘鲁渔场。

制作海藻标本

1. 实验目的

通过海藻标本的制作，更直观地了解海藻的形态特征。

2. 实验要求

制作的标本形态完整，基本保持正常的颜色；较平整，不出现大面积重叠。

3. 实验材料

海藻、海水、标本纸、吸水纸、毛刷、重物、烧杯或其他容器。

4. 实验步骤

（1）记录标本采集和制作信息（标本制作人、制作日期、样品采集地点、标本的中文名称、所在门类）。

（2）用海水将藻体冲洗干净，去除表面的泥沙和杂质。

（3）将藻体放入海水中，观察它自然展开的形态（尖部、基部及其伸展方向等）。

（4）将藻体放在标本纸上，按照其自然状态，用手或者毛刷轻轻展开藻体。

（5）用吸水纸吸去多余的水分。

（6）在藻体上盖3～4张吸水纸，保持藻体和吸水纸平整。

（7）在吸水纸上面放置重物，施加压力（可以加快干燥，并使藻体保持平整）。

（8）将上述放有藻体及覆盖有吸水纸的标本纸置于通风处，每天至少更换一次吸水纸，持续6～7天即可。

5. 注意事项

（1）记录标本采集和制作信息的时候尽量使用铅笔。

（2）耐心操作，小心使用工具。

五　课后思考

(1) 青岛海边常见的海藻有哪些?

(2) "海底森林"是什么颜色的? 为什么?

(3) 海藻有哪些用途? 请举例说明。

第二单元 原生动物

一 原生动物简介

原生动物是最原始的动物，由单个细胞构成。这个细胞既具有一般细胞的基本结构，又具有一般动物所表现的生理机能，因此每个单细胞原生动物都是一个完整的有机体。300多年前，列文虎克用自制的显微镜，看到了很多以自由生活和寄生生活方式生存的原生动物，后人尊称他为"原生动物学之父"。

原生动物个体微小，分布广泛，绝大多数种类的直径在1微米至几毫米之间。大部分种类自由生活在淡水、海水或潮湿的土壤中，也有不少种类寄生在动物体或植物体内。已有记录的原生动物约6.6万种，其中相当一部分为化石种。原生动物门包括4个纲：纤毛纲、鞭毛纲、肉足纲和孢子纲。

二 原生动物的主要种类

1. 纤毛纲

纤毛纲的原生动物一般终生都具有纤毛，这是它们的运动细胞器；能进行取食活动，通过胞口、胞咽等细胞器摄取食物；细胞核一般分化为大核和小核，分别参与营养代谢和繁殖；繁殖方式为无性的横二分裂和有性的接合生殖；生活在淡水或海水中；大多数自由生活。

代表种 **草履虫**

草履虫是单细胞原生动物，体长只有0.1～0.3毫米，呈圆筒形，前钝后尖，从某些角度看上去就像一只草鞋，因而得名。草履虫体表是由3层膜组成的表膜，起到缓冲和保护作用。表膜上长满纤毛。纤毛与草履虫的运动、摄食及触觉有关，每一根纤毛都从位于表膜下的基体发出。表膜下还有刺丝泡。当草履虫遇到刺激时，刺丝泡射出刺丝，能发挥防御作用。草履虫喜欢生活在有机物含量较多的稻田、水沟或池塘中。

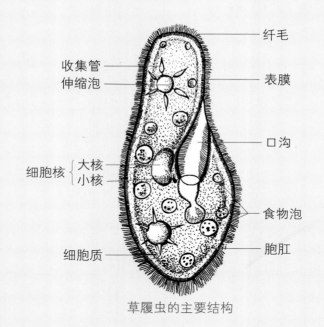

纤毛

收集管

伸缩泡

表膜

口沟

细胞核 { 大核 小核

食物泡

细胞质

胞肛

草履虫的主要结构

草履虫靠吞食固体食物颗粒来补充自身的营养。体前侧有一向中部插入的斜沟，称为口沟，口沟末端与表膜相连处形成胞口。食物通过口沟处的纤毛摆动而进入胞口，形成食物泡，慢慢被消化，不能消化的残渣由体后的胞肛排出体外。

草履虫的生殖方式为直接分裂。细胞体从中部断开，一分为二。进行一次这样的生殖，草履虫的数量就可增加一倍，繁殖之迅速，可以想象。

应激性是指生物受到外界各种刺激（如光、温度、声音、食物、化学物质、机械运动、地心引力等）所发生的反应。应激性使生物更好地适应环境。草履虫的生活需要有机物。在草履虫应激性实验中，通常用到清水、培养液和小粒食盐。清水里有机物极少，而培养液里含有丰富的有机物，因此草履虫聚集在培养液里。向培养液里加少许小粒食盐，培养液的渗透压增大，会使草履虫细胞失水甚至死亡，对草履虫来说是有害刺激，因此草履虫逃到清水中。上述实验现象就是草履虫应激性的表现。

2. 孢子纲

孢子纲的原生动物以寄生的方式生活，具有很强的繁殖能力，分布广泛，从低等的多细胞动物到高等的脊椎动物体内，都可以发现孢子纲原生动物。

代表种 疟原虫

有些疟原虫能使人患上疟疾。疟疾最典型的症状是间歇性寒热发作，即先发冷、打寒战，然后发热、出汗。具体地说，疟疾发作时先有明显的寒战，全身发抖，面色苍白，口唇发绀（gàn），之后体温迅速上升，常达40 ℃或更高。经过一段间歇期后，又开始重复打寒战和发热。

疟原虫在按蚊体内进行有性生殖。雌、雄配子受精成为合子，合子在按蚊的胃壁分裂增殖为成千上万的子孢子，子孢

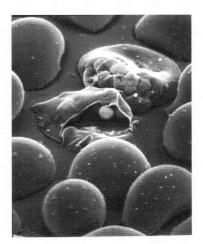

疟原虫破坏红细胞

子随着血液进入按蚊的唾液腺。当按蚊叮咬人类时，疟原虫的子孢子就进入人类血液并到达肝脏，进行无性繁殖，产生大量裂殖子。这些疟原虫的

裂殖子能侵入红细胞并在红细胞内增殖。大量的裂殖子、代谢产物和细胞碎片的存在，导致疟疾患者出现打寒战和发热等症状。

为了控制疟疾，人类应根据疟原虫生活史和流行区的实际情况，采用因地因时制宜的综合防治措施：一方面，用抗疟药杀灭人体内处于各发育阶段的疟原虫，防止疟疾发作；另一方面，要控制传染源，积极防治媒介蚊虫，以控制疟疾的传播。

3. 肉足纲

肉足纲原生动物最主要的特征是细胞质可以突起形成伪足，伪足是运动及捕食的细胞器。肉足纲原生动物体表的细胞膜很薄，因而有很好的弹性，可以改变形状，做变形运动。多数种类以单体的方式自由生活，少数种类群体生活，极少数种类寄生。在淡水、海水均有分布。

代表种　有孔虫

有孔虫是一类古老的原生动物，早在5亿多年前就出现在海洋中。有孔虫能分泌钙质或硅质，形成外壳，而且壳上有一个大孔或多个细孔，以便伸出伪足，因此得名。有孔虫的主要食物为硅藻、细菌、甲壳类幼虫等。有孔虫的个体微小，直径通常不超过1毫米，需要借助放大镜才能分辨出来。但也有体型稍大的种类，目前已知最大的有孔虫，直径可达20厘米。

4. 鞭毛纲

鞭毛纲原生动物以鞭毛为运动细胞器，有时鞭毛也可捕食。它们获取营养的方式复杂，包括植物性营养（即自养）、动物性营养（吞噬营养）和腐生性营养。无性生殖为纵二分裂，有性生殖为配子生殖。有的种类在不良条件下可以形成包囊。常见的有绿眼虫、夜光虫、利什曼原虫、衣滴虫、披发虫等。

代表种 夜光虫

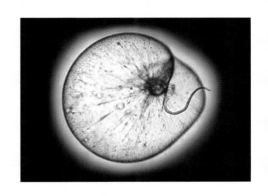

夜光虫生活在海水中，在夜间受海水波动的刺激能发光，因而得此名。夜光虫的身体近乎圆球形，直径约1毫米。有两根鞭毛：一根较大，称为触手；另一根较小。

研究表明，世界上能引起赤潮的生物超过300种，其中最常见的有夜光虫、裸甲藻、多边膝沟藻等。海水富营养化是赤潮产生的主要原因。海水富营养化为赤潮生物提供了繁殖的物质基础，加之其他条件如水温、溶氧量、pH等适宜，赤潮生物迅速繁殖或聚集，就形成了赤潮。赤潮破坏近海生态系统，严重损害养殖业，还对人类健康构成威胁。

 三 原生动物与人类

1. 有害的方面

以寄生方式生活的原生动物，有的与人类疾病有关，如疟原虫可导致疟疾，利什曼原虫可引发黑热病，这两种疾病均被列入我国五大寄生虫病，还有的危害家畜、禽类及鱼类，应当认真防治。海洋中鞭毛纲的夜光虫等大量繁殖，形成赤潮，造成鱼、虾、贝等海洋生物大量死亡，对海洋生态和养殖业带来很大危害。

2. 有益的方面

（1）原生动物构成海洋浮游动物的主体。

（2）原生动物大量沉积于海底淤泥，在微生物的作用和覆盖层的压力下形成石油。

（3）原生动物的有孔虫化石是地质学上确定地质年代的标准化石，也是探测石油的标志。

（4）原生动物对水体有净化作用，可以用于净化有机废水。

（5）原生动物的草履虫、四膜虫是研究真核生物细胞器的重要实验材料。

使用显微镜观察海水纤毛虫

1. 实验目的

借助显微镜更直观地观察海水纤毛虫的形态结构，开阔微观视野。

2. 实验要求

准确地辨认出显微镜视野中的海水纤毛虫，了解纤毛虫对铜离子的应激反应。

3. 实验材料

显微镜、吸管、载玻片、海水样品、硫酸铜溶液。

4. 实验步骤

（1）用吸管从水样中吸取一滴海水，滴加到载玻片上。

（2）在显微镜下观察海水纤毛虫。

（3）向载玻片上滴加一滴硫酸铜溶液，观察纤毛虫的应激反应。

5. 注意事项

（1）小心操作，防止被载玻片划伤。

（2）滴加硫酸铜溶液时要注意安全，防止溅到身上。

（3）硫酸铜溶液杀死纤毛虫的过程较长，要耐心。

五　　课后思考

(1) 原生动物分为几个纲？每个纲的代表动物是什么？它们与人类的
关系是怎样的？

(2) 草履虫的运动和生殖各有什么特点？

(3) 为什么会形成赤潮？

第三单元　腔肠动物

 一 腔肠动物简介

　　腔肠动物在动物的进化过程中占有重要地位。腔肠动物的身体呈辐射对称，即沿着身体的中央纵轴做任意纵向切面，得到的均为对称面，这一特征可以很好地适应在水中固着或漂浮生活。从腔肠动物开始，出现了内、外胚层和消化循环腔。腔肠动物有口，没有肛门，消化后的残渣仍由口排出。有简单的组织分化，出现了皮肌细胞。皮肌细胞是组成内、外胚层的主要细胞，它既是上皮细胞，有保护功能，又是肌肉细胞，有伸缩功能。刺细胞和刺丝囊是腔肠动物特有的捕食、抗敌武器，因此腔肠动物也叫刺胞动物。刺细胞和刺丝囊也是腔肠动物分类的依据之一。

　　腔肠动物共有1万多种，分为3个纲：水螅纲、钵（bō）水母纲、珊瑚纲。以下介绍常见的钵水母纲和珊瑚纲动物。

 二 腔肠动物的主要种类

1. 钵水母纲

　　钵水母纲动物全部生活在海水中，多数为大型水母，以浮游动物、小鱼等为食。它们的个体直径通常为2～40厘米，最大的可达2米。钵水母纲动物如海蜇能对海洋生物和人类造成致命的伤害，但同时也是人们喜爱的水产食品。

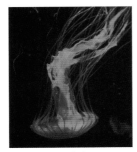 

马来沙水母　　　　　　　　　　安朵仙水母

腔肠动物一般具有两种基本形态，即水螅型和水母型。这两种基本形态在腔肠动物的生活史中交替出现，这种世代交替是适应水中生活的结果。

水母的水螅型形态退化，甚至无水螅型形态，水母型形态发达。

水螅型和水母型的比较

项　　目	水螅型	水母型
体　　形	圆桶形	盘状
生活方式	固着生活，无性生殖（出芽、断裂）	浮游生活，有性生殖
中 胶 层	薄，大多无细胞	厚，有少数细胞和纤维
口　　部	向上，有垂唇	向下，无垂唇
神　　经	不发达	较复杂
骨　　骼	有些种类有石灰质骨骼	无
水　　管	无	有

水母体重的95%以上都是水。内、外胚层之间有很厚的中胶层，中胶层透明，而且对身体起支持作用。水母运动时，利用内伞上的环肌和辐射肌将伞部收缩，喷出伞腔中的海水，借此前进，远远望去，就好像一顶圆伞在水中迅速漂游。

有些水母可以发光。水母发光依靠的是一种奇妙的蛋白质——埃奎林，它与钙离子结合的时候就会发出蓝光。埃奎林的含量越高，水母发光性就越强，每只水母平均含有50微克埃奎林。

代表种　海月水母

海月水母在海洋中浮游生活，外形像一个乳白色的透明圆盘。伞直径约10厘米，边缘生有触手以及8个缺刻，每个缺刻中有1个感觉器。口腕上有许多刺细胞，可放出刺丝麻痹它的猎物，如小型无脊椎动物，再将猎物吞到口中，在胃里消化。海月水母的胃较大，向四方扩大形成4个胃囊。

雄性海月水母用输精管将精子传送到雌性体内，进行体内受精。受精后的胚胎会在雌性的口腔触手上孵化，直至发育成能游动的浮浪幼虫时才离开母体。浮浪幼虫在海水中一边游泳一边四处找寻可以固着生长的基底（如岩礁、海草叶等）。浮浪幼虫依附在基底上变化为螅状体，触手向上生长，捕捉食物。螅状体既能通过匍匐茎、出芽等方式产生更多螅状体，又能通过横裂生殖产生碟状体。这些无性繁殖方式有助于海月水母补充种群数量。碟状体随海水漂流，进食其他体型更小的浮游生物后渐渐变成成年水母，这便是另一个循环的开始。

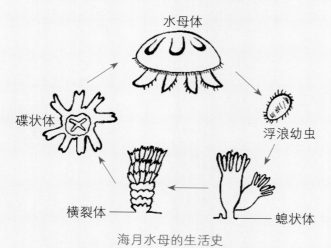

海月水母的生活史

2. 珊瑚纲

人们常说的"珊瑚"狭义上指珊瑚虫，是生活在热带海底捕食小型海洋生物的腔肠动物。珊瑚虫是独立或成群的水螅型形态，没有水母型形态。造礁珊瑚虫能吸收海水中的钙和二氧化碳，分泌碳酸钙。由众多造礁珊瑚虫及其分泌物和骸骨构成广义上的"珊瑚"，如"珊瑚树"。造礁珊瑚虫生息繁衍，形成珊瑚礁，为海洋生物提供舒适的生活环境。目前已知的珊瑚纲动物有16 000多种，其中相当一部分是化石种，现生物种分属于柳珊瑚目、苍珊瑚目、海鳃目、海葵目等。

代表种 **海葵**

海葵是珊瑚纲的常见物种。海葵全身都是软组织，没有骨骼。它们通常靠基盘固定在海底岩石上，有的种类也喜欢缓慢地移动。它们用触手捕捉小鱼、小虾等猎物，当受到外界刺激时便会缩成一团。海葵有一个好听的名字——"海底菊花"。它们能呈现出多种颜色，这些颜色有的来自海葵自身，有的来自与海葵共生的虫黄藻。海葵目约有1 500种，从潮间带到万米深海都有分布。青岛沿岸最常见的是绿海葵。

腔肠动物与人类

1. 水母是"风暴预报员"

水母的伞缘有平衡囊，里面有一粒小小的平衡石——听石，这是水母的"耳朵"，这些"耳朵"能感受到人耳听不到的次声波。海浪和空气摩擦而产生的次声波冲击听石，可以刺激水母的神经感受器，使水母在风暴来临之前的十几个小时就能得到信息。仿生学家受到水母的启发，设计出风暴预测仪，能在海上风暴来临前15小时做出预报。

2. 被海蜇蜇伤的处理措施

人们常说的"海蜇"指钵水母纲的几种动物，在我国常见的有海蜇、黄斑海蜇、叶腕海蜇等。海蜇的刺细胞含有成分复杂的毒素，人游泳时不慎被海蜇蜇伤，如果不及时处理，可能会引起皮炎、休克等。可用醋或海水冲洗蜇伤部位，若有全身症状，应尽快前往医院治疗，临行前可口服抗过敏药，有条件的可静脉缓慢注射10毫升10%葡萄糖酸钙溶液。若发生呼吸困难或出现咳血性泡沫痰，说明情况危急，应让伤员处于半卧位或端坐位，两足下垂，清除口、鼻分泌物，保持呼吸道通畅（有条件的应给予吸氧），同时请医生速来抢救。

 实 验

观察及饲养水母

1. 实验目的

了解海月水母、倒立水母的外部形态特征及运动特点；学会饲养这两种水母。

2. 实验要求

准确辨认海月水母、倒立水母；掌握这两种水母的饲养条件（水温、饵料等）。

3. 实验材料

海月水母、倒立水母、烧杯。

4. 实验步骤

（1）在老师的指导下，将海月水母、倒立水母按个体大小分别盛入装满海水、容积为1升的玻璃烧杯中。

（2）听老师讲解水母的结构特点以及饲养注意事项。

（3）按照分组，观察两种水母的外部形态和运动特点。

（4）领取倒立水母，放入自备的容器中带回家饲养，写饲养日记。

5. 注意事项

（1）传看水母时动作轻盈利落，不要摇晃烧杯。

（2）切忌伸手触摸水母，避免被水母蜇伤。

（3）将水母放入自带容器后，不要摇晃、旋转容器，以确保水母活力。

五 课后思考

（1）腔肠动物有哪些特征？

（2）被海蜇蜇伤后应采取哪些急救措施？

（3）珊瑚是植物还是动物？为什么？

第四单元　环节动物

一　环节动物简介

　　环节动物是高等无脊椎动物的开始。环节动物最主要的特征就是身体分节，即身体由许多体节构成，除前、后端少数体节外，各体节的形态和功能基本相同，属于同律分节。海生环节动物一般具有疣足，有运动、触觉作用，还可用来进行气体交换。环节动物具有链式神经，感官较发达，能更好地适应环境。环节动物在海水、淡水及陆地均有分布，少数寄生生活。

　　已知的环节动物现生种有17 000种以上，分属于多毛纲、寡毛纲和蛭纲。其中，多毛纲是环节动物中比较原始、种类最多的一类，绝大多数在海洋中底栖生活，穴居在泥沙或石缝中。

二 环节动物的主要种类

1. 沙蚕

沙蚕俗称"海蚯蚓""海蜈蚣"，属于多毛纲游走亚纲。生活在潮间带或潮下带，对温度和盐度的剧烈变化适应能力比较强。沙蚕的幼体摄食低等单细胞藻类，成体以有机碎屑为食。有昼伏夜出的习性。

沙蚕头部明显，感官（眼点、触手、触须、项器）发达，同律分节（80～200节），每节有1对疣足。疣足和刚毛为运动器官，刚毛在肌肉的牵引下伸缩，沙蚕既可借此爬行，又能划动疣足来游泳。

沙蚕没有专门的呼吸器官，表皮密布血管，可以进行气体交换。消化器官是1条直管，两侧有1对食道腺，可分泌蛋白酶消化食物，肠道是主要的消化吸收场所。循环系统由背血管、腹血管、每个体节的环血管、微血管网等组成，血液因含有血红蛋白而呈红色。沙蚕没有心脏，血管能有节律地收缩，起到促进血液流动的作用。沙蚕雌雄异体，没有固定的生殖腺，生殖腺只在生殖季节出现，卵在海水中受精。

代表种 双齿围沙蚕

双齿围沙蚕体长可达50厘米，尾部呈褐色，其他部分呈青绿色或红褐色。它们的头部有4只眼睛、1对触须及8只触手。双齿围沙蚕在我国沿海分布广泛，栖息于中、高潮带，富含有机质、硅藻等的生活环境有利于它们生长和繁殖。双齿围沙蚕是鱼类及甲壳类的重要食物。

2. 蛰虫

蛰虫指多毛纲蛰亚纲的动物，有200多种，在海洋中底栖生活。它们的体形如同蠕虫一般，身体两侧对称，体表有刚毛，幼虫分节，成虫不分节，是原始的多毛类在演化过程中较早分出的一支。蛰虫为杂食性，大多以泥沙中的腐殖质和小型底栖动物为食。它们的口前有软而细长的吻，能伸缩，可以帮助摄食。靠近口的腹面有一对钩状刚毛，可以挖泥沙、辅助行动。

蛰虫的分布范围较广，从潮间带到几千米的深海均可发现，主要在浅海海底泥沙中、岩石缝隙里、珊瑚礁中，以及腹足类、海胆的空壳中穴居。

代表种 **单环刺螠**

单环刺螠俗称"海肠""海肠子"。它们的身体呈长圆筒形，成虫体长100～300毫米，有1对腹刚毛，肛门周围有1圈尾刚毛。单环刺螠是我国北方沿海泥沙岸低潮区及潮下带浅水区常见的底栖生物，营养价值较高。

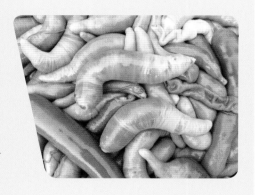

三 环节动物与人类

沙蚕的蛋白质含量占干重的60%以上，是鱼、虾、蟹的优质活体天然饵料，可用作钓饵（人称"万能钓饵"），也是人们餐桌上的美味海鲜。沙蚕具有很高的经济价值，是出口创汇的好商品。我国每年都有大量的鲜活沙蚕出口到日本等国。然而，由于海洋污染和过度采捕等原因，我国沙蚕自然资源受到严重破坏，沙蚕资源如得不到有效保护，还会继续衰减乃至枯竭。

蟛虫可用作钓饵。有的蟛虫如单环刺螠体壁含有丰富的蛋白质，可供人类食用，有较高的经济价值。药理学研究还发现，单环刺螠体内的多肽等组分在医学领域具有潜在的应用价值，是研究海洋生物活性物质的好材料。

解剖单环刺螠

1. 实验目的

了解解剖器材的使用方法；通过解剖，了解单环刺螠的内部结构。

2. 实验要求

正确使用解剖剪、解剖刀、镊子、解剖盘等实验器材；了解单环刺螠各器官。

3. 实验材料

单环刺螠、解剖剪、解剖刀、镊子、解剖盘、标签纸。

4. 实验步骤

（1）每组同学领取一套解剖器材，将单环刺螠放置于解剖盘的中央位置，观察单环刺螠的外部结构。

（2）使用解剖剪从单环刺螠的肛门沿体壁剪开，避免剪坏内脏。

（3）剪开后将单环刺螠平摊在解剖盘的中央位置，用镊子将单环刺螠各器官分开，观察单环刺螠的内部结构。

（4）将准备好的标签正确放置在单环刺螠的各个部位。

5. 注意事项

（1）小心使用解剖器材，避免误伤自己或他人。

（2）实验结束后将解剖器材交回。

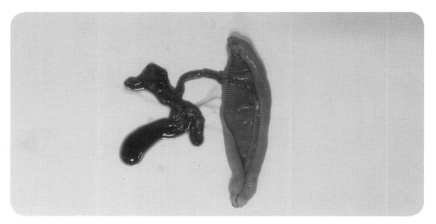

单环刺螠解剖图

五　课后思考

（1）沙蚕是潮间带生物，你在赶海时还见过哪些潮间带生物？

（2）沙蚕没有专门的呼吸器官，那么它是如何呼吸的？

（3）沙蚕没有心脏，那么它血液流动的动力来源是什么？

第五单元　软体动物

　　软体动物门是动物界的第二大门，种类繁多。软体动物身体柔软，可分为头、足、内脏团三部分，体被外套膜，常分泌有贝壳。目前已发现的现生软体动物85 000多种，分为7个纲。常见的有双壳纲，如蛤（gé）蜊（lí）；头足纲，如乌贼；腹足纲，如海螺。此外，还有许多化石种。

第一课　双壳纲

 双壳纲简介

　　双壳纲身体柔软不分节，一般体外有2片贝壳，因而得名。双壳纲又被称为瓣鳃纲，因为这些动物的鳃通常呈瓣状。我们生活中常见的牡蛎、贻贝、蛤蜊、扇贝等都属于双壳纲。现存双壳纲动物有9 200种左右，其中约80%生活于海洋。砗磲是最大的双壳纲动物，最大壳长达1.8米，体重可达250千克。

　　双壳纲动物有内脏团和足，头部退化以至消失，体外被有外套膜和它所分泌的贝壳。足是双壳纲动物的运动器官，肌肉发达。内脏团是消化、生殖等器官所在部位。多数种类血液无色，少数种类血液因含有血红蛋白或血蓝蛋白而呈红色或蓝色。

 双壳纲的代表种类

　　蛤蜊是常见的双壳纲动物，在我国沿海均有分布，在中、低潮区最多，在高潮区及数米深的浅海也有。蛤蜊喜欢栖息在风浪平静、水流畅通并有淡水注入的内湾泥沙滩涂上，适宜生活的温度范围为5～35℃，18～30℃为最佳。

　　蛤蜊贝壳中央特别突出的部位为壳顶。壳顶前方有一小凹陷，称小月面；壳顶后方为楯（dùn）面。壳顶是壳最老的部分，以壳顶为中心，有同心环状排列的生长线，自壳顶向腹缘有放射肋。贝壳壳顶至腹缘的距离为壳高，前端至后端的距离为壳长，左、右两壳面之间的最大距离为壳宽。

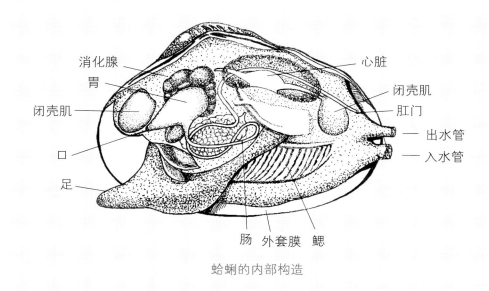

消化腺
胃
闭壳肌
口
足

心脏
闭壳肌
肛门
出水管
入水管

肠 外套膜 鳃

蛤蜊的内部构造

　　蛤蜊的鳃及外套膜上的纤毛摆动，引起水流，水由入水管进入外套腔，经鳃孔，沿水管上行达鳃上腔，经出水管排出体外。水经过鳃时，即通过毛细血管进行气体交换。

　　蛤蜊雌雄异体，但从外观上难以区别雌雄。成熟时，精巢为乳白色，卵巢为乳黄色。蛤蜊的怀卵量为200万～600万粒。精子和卵子在海水中受精，在水温24～26℃条件下，受精卵经10～12天发育可附着变态，逐渐形成出水管和入水管，开始底栖生活。

　　蛤蜊活动较慢，壳长5毫米的幼贝1个月移动的直线距离仅有6米，多数情况下，它们受风浪或潮流的作用而被动移动。蛤蜊是滤食性动物，对食物种类一般没有要求，只要颗粒大小适宜即能摄食，其食物以底栖硅藻为主。冬季气温较低，蛤蜊双壳紧闭，很少摄食。3月份后，蛤蜊水管伸缩频繁，随着水温的升高，摄食逐渐活跃，生长较快。

代表种 菲律宾蛤仔

　　菲律宾蛤仔俗称杂色蛤，壳长2.5～5.7厘米，是一种常见的双壳纲动物。它们的壳略呈椭圆形，坚固，两壳相等。菲律宾蛤仔营养价值很高，肉味鲜美，深受人们的青睐。

三　双壳纲动物与人类

　　双壳纲动物绝大多数可食用，肉质肥嫩，鲜美可口，营养丰富。除鲜食外，还可干制、腌制。扇贝、贻贝、珍珠贝、牡蛎、蛤蜊、蚌、竹蛏等种类资源丰富，已发展为海水养殖的重要对象，产量也极为可观。不少双壳纲动物可制成中药材，如珍珠粉。产量大的小型双壳纲动物可作为农田肥料和家禽、家畜的饲料。

　　当珍珠贝开启外壳时，一些外界的杂物如沙粒会进入其体内并接触外套膜，外套膜受到刺激便分泌碳酸钙的矿物珠粒，这些碳酸钙以杂物为中心，层层包裹，经过两三年或者更长时间，便形成了珍珠。人工育珠是将珍珠贝从海中取上来，用人工方法将珠核植入珍珠贝，再把珍珠贝放回海流平缓、饵料丰富的海区，经过数月，一颗珍珠就开始生成了。当然，到收获珍珠还要一至数年的时间。此外，在我国华南地区，人们还利用淡水河蚌育珠。

蛤蜊的呼吸

1. 实验目的

了解蛤蜊的形态特征，认识蛤蜊的闭壳肌、出水管、入水管、足、外套膜等；观察蛤蜊的呼吸现象。

2. 实验要求

认识蛤蜊的闭壳肌、出水管、入水管、足、外套膜等。

3. 实验材料

蛤蜊、海水、解剖盘、培养皿、注射器、蓝色墨水。

4. 实验步骤

（1）每组同学领取1个解剖盘、1个培养皿、5只蛤蜊。

（2）将蛤蜊放入培养皿中，倒入海水，待蛤蜊双壳张开，露出入水管、出水管，观察蛤蜊的形态结构。

（3）用注射器吸取蓝色墨水，缓缓加至蛤蜊伸出的入水管附近，等待蛤蜊吸入蓝色墨水并由出水口喷出。

5. 注意事项

（1）耐心等待蛤蜊开壳，切忌拍打桌子、触碰蛤蜊而导致实验失败。

（2）听从老师安排，小心使用注射器，注意安全。

五 课后思考

(1) 双壳纲动物有哪些主要特征?

(2) 珍珠是如何形成的?

(3) 蛤蜊是如何进行呼吸的?

第二课　腹足纲

一 腹足纲简介

　　腹足纲是软体动物中物种数量最多的一类，约8万种。腹足纲动物生活在海洋、淡水及陆地，分布遍及全球。少数种类（内寄螺、光螺等）寄生生活。它们头部发达，具有眼睛和触角。足发达，呈叶状，位于腹部的侧位。体外多被1个螺旋形贝壳，有些种类为内壳或者无壳。头部和足部表现出明显的两侧对称，内脏团呈螺旋形。腹足纲动物以藻类、菌类、地衣和苔藓植物等为食。

二 腹足纲的代表种类

1. 四大名螺

　　四大名螺指的是凤尾螺、唐冠螺、万宝螺和鹦鹉螺。其中，鹦鹉螺属于头足纲。这里以其他3种螺作为腹足纲的代表，做简单介绍。

代表种 凤尾螺

凤尾螺就是人们常说的"大法螺",因其独特的外形、酷似孔雀尾羽的漂亮花纹和稀少的数量而位居四大名螺之首,非常名贵。凤尾螺大多生长在西南太平洋,在南中国海最常见。它栖息

于珊瑚礁石之下,色彩斑斓,个体大,壳表装饰丰富。凤尾螺可以作为号角,声音浑厚嘹亮,在佛教中被视为重要的法器,民间诸多传说也为它增添了神秘的色彩。

代表种 唐冠螺

唐冠螺主要分布于印度洋、太平洋,栖息在珊瑚礁海域的沙地上,形状很像我国唐代人们的冠帽,因而得名。在青岛海底世界展出的大型唐冠螺,螺壳大而厚重,长和高都达到30厘米。唐冠螺壳面颜色从灰白色到金黄色,有金属光泽,壳唇内外呈橘黄色,是居家陈设和收藏的珍品。

代表种 | 万宝螺 |

万宝螺栖息在珊瑚礁附近，前端有些翘，像是撅起的小嘴。整个螺壳白色、咖啡色和红色纵横交错，颜色鲜艳，光泽度很好。螺壳内侧颜色变深。一般壳高为15厘米，手感光滑而温润，数量稀少，难捕捉，具有极高的收藏、观赏、装饰价值。万宝螺不仅可观赏收藏，还可用于手掌按摩保健。

2. 鲍鱼

鲍鱼形似人的耳朵，所有也被称为"海耳"。它们在太平洋、大西洋和印度洋均有分布。我国是鲍鱼养殖大国，以黄海、渤海出产的皱纹盘鲍和东南沿海出产的杂色鲍最为常见。

代表种 | 皱纹盘鲍 |

皱纹盘鲍是一种名贵的海产贝类。它喜欢在夜间活动觅食，食性复杂，主要以海带、裙带菜等褐藻为食。皱纹盘鲍成体通常生活在深水区，幼体则大多栖息于浅水区。成体壳长一般为10厘米左右，壳表面呈深绿色，带有十分明显的纹路。山东长岛、威海以及辽宁长海的皱纹盘鲍产量最多。

三 腹足纲动物与人类

1. 经济价值

腹足纲的泥螺、红螺均为常见海鲜，味道鲜美，营养丰富。许多腹足纲种类是一些鱼类的天然饵料，已成功进行人工养殖。腹足纲的鲍鱼是我国传统的名贵食材，鲜味浓郁，位列八大海珍之一，被称为"海味之冠"，在国际市场上也享有盛名。鲍鱼营养丰富，富含

鲍鱼

蛋白质、脂肪、糖类，还富含多种生物活性物质。冬季鲍鱼体内胶原蛋白占总蛋白的比例很高，远高于鱼类。

2. 药用价值

腹足纲的鲍鱼有极高的药用价值。鲍壳又称"石决明"，是著名的中药材，对头痛眩晕、视物昏花等症有治疗功效。

 **四 实 验**

解剖红螺

1. 实验目的

了解青岛近海常见螺类——红螺的形态特征。

2. 实验要求

能识别左旋螺和右旋螺；会测量螺的壳高、壳宽；进一步熟悉解剖实验的操作流程。

3. 实验材料

红螺、解剖盘、镊子、解剖剪。

4. 实验步骤

（1）每组同学领取一套解剖器材，将红螺放置于解剖盘中，观察其外部结构。学会区分左旋螺和右旋螺：壳顶向上，壳口面向观察者，壳口位于螺轴右方者为右旋螺，位于左方者为左旋螺。

（2）测量壳高（壳顶至壳口最低点的距离）、壳宽（壳左右最宽的距离）。

（3）将红螺用镊子挑出，使用解剖剪从红螺的足背面沿边缘将其剪开，避免剪坏内脏。

（4）将红螺展开，观察其内部结构。

5. 注意事项

实验期间听从老师安排，小心使用解剖器材，注意安全。

五 课后思考

（1）四大名螺指的是哪些螺？各有什么特点？

（2）青岛地区常见的红螺是左旋螺吗？

（3）腹足纲是软体动物门中种类最多的纲吗？

第三课　头足纲

一　头足纲简介

　　头足纲动物身体左右对称，头部发达，两侧有1对发达的眼，足的一部分变为腕。这类动物的足环生于头部前方，因而被称为头足类。头足纲动物主要以甲壳类为食，也捕食鱼类及其他软体动物。头足纲动物现有约800种，它们被称为"海洋中的灵长类""海洋中的变色龙"，有的能喷射墨汁、施放"烟雾弹"，有的能发光、变色，还有的能自行断肢和再生。许多头足纲动物可以随周围环境的变化而变色，而且善于用色彩来表达自己的"情绪"。

　　头足纲可分为鹦鹉螺目（如鹦鹉螺）、枪形目（如太平洋褶柔鱼、中国枪乌贼）、乌贼目（如金乌贼、曼氏无针乌贼）、八腕目（如章鱼、船蛸）。鹦鹉螺分布于印度洋-西太平洋热带珊瑚礁水域，已经在地球上经历了数亿年的演变，但外形、习性等变化很小，被称作海洋中的"活化石"。乌贼在海水中的游泳速度可达15米/秒，十分迅速。枪形目的大王乌贼，体长可达20米；乌贼目的泰国微鳍乌贼，体长仅为1厘米。飞乌贼生活在大洋深海，也常在中上层游泳，有时甚至能跃出海面。章鱼胴部近球形，无鳍，在我国沿海均有分布，肉嫩味美，是我国沿海地区重要的渔获物。

二　头足纲的代表种类

1. 乌贼

乌贼的身体分头部、足部、胴部。头部两侧有一对发达的眼，肌肉性的口腔称为口球，内有一对鹦鹉喙（huì）状的颚片。足特化成腕和漏斗。腕10条，左右对称排列；其中第四对腕特别长，称为触腕，可以捕食。各腕的内侧均有吸盘。漏斗喷水时所产生的反作用力为乌贼的运动提供动力。乌贼的内壳位于体内背部，石灰质，不但可以增加身体的坚韧性，还可减小身体的密度，有利于游泳。有些种类的乌贼的内壳能入药，在中医上称海螵（piāo）蛸（xiāo）。乌贼具有肉质鳍，位于身体两侧，游泳时起平衡作用。色素细胞位于背部表皮下，能改变表皮颜色。

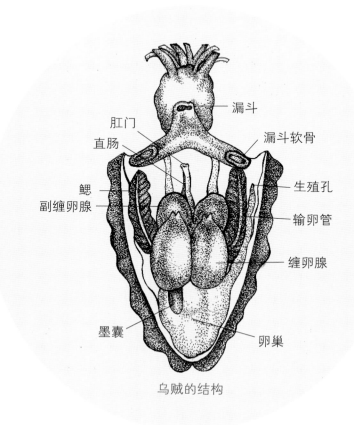

乌贼的结构

乌贼有1对羽状鳃。墨囊位于胴部后端，墨囊中的腺体可分泌墨汁，墨汁由肛门排出，使周围海水成墨色，借以隐藏避敌，乌贼之名来源于此。

乌贼雌雄异体，寿命一般为1年。它们生活在远洋深水里，每年春暖繁殖季节由深海游向浅海产卵。产卵后的乌贼大批死亡。雌性乌贼喜欢把受精卵产在海藻或木片上，卵群像一串串葡萄，俗称"海葡萄"。

"海葡萄"

代表种 金乌贼

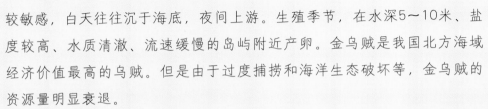

金乌贼的体表呈黄褐色，棕紫斑与白斑相间，雄性还有波状条纹，在阳光下呈现出金黄色的光泽。金乌贼栖息于外海水域，对光照比较敏感，白天往往沉于海底，夜间上游。生殖季节，在水深5～10米、盐度较高、水质清澈、流速缓慢的岛屿附近产卵。金乌贼是我国北方海域经济价值最高的乌贼。但是由于过度捕捞和海洋生态破坏等，金乌贼的资源量明显衰退。

乌贼、鱿鱼和章鱼的区别

项　　目	乌贼	鱿鱼	章鱼
体　　形	胴部袋状	胴部狭长，末端似红缨枪枪头	胴部近球形
腕足数目	10	10	8
有无内壳	有（硬壳）	有（软壳）	无
有无肉质鳍	有	有	无

2. 鹦鹉螺

鹦鹉螺色彩绚丽，体型华美，观赏性极强。它的壳薄而轻，呈螺旋状盘卷，壳的表面呈白色或者乳白色，有斑纹，生长纹从壳的脐部辐射而出，平滑细密，多为红褐色。整个外壳形似鹦鹉嘴，故而得名。鹦鹉螺最早发现于寒武纪晚期，奥陶纪最

鹦鹉螺

盛，分布极广，此后逐渐衰退，现生种数量极少。鹦鹉螺虽经历了数亿年的演变，但外形、习性变化很小，被称作海洋中的"活化石"，在研究生物进化和古生物学等方面有很高的价值，也是国家一级保护动物。

鹦鹉螺仅存于印度洋和太平洋，分布范围北至日本南部海域、南至澳大利亚大堡礁、西至安达曼海、东至斐济等海区。鹦鹉螺目共有6种，在我国仅发现1种。鹦鹉螺是底栖性动物，水深5～700米都有分布，以水深400米左右处数量最多，所以也被称为"亚深海动物"。鹦鹉螺寿命一般为20年，是头足纲中寿命较长的动物。鹦鹉螺雌雄异体，卵生，雌鹦鹉螺每年产卵一次，一般将卵产于浅水岩石上，孵化期长达12个月，刚孵出的

小鹦鹉螺体长约3厘米。鹦鹉螺是食腐动物，主要以蟹类、虾类蜕下的壳和腐肉为食。

鹦鹉螺的腕上没有吸盘。有60～90只腕，雌性比雄性多。漏斗由左右2叶组成，未形成完全的管子。有2对栉鳃、2对肾、2对心耳，眼无角膜或晶状体。

鹦鹉螺具有平面盘旋的外壳，壳内从壳中心到壳口，由一道道弧形隔膜分隔成多个壳室，其数目随鹦鹉螺的生长而增加。体积最大的一个壳室内居住着鹦鹉螺的躯体，称作住室；其他空着的壳室体积较小，可贮存空气，称作气室。每个隔膜中央有小孔，由串管将各壳室联系在一起。

鹦鹉螺与腹足纲螺类的区别

项　目	鹦鹉螺	腹足纲螺类
螺壳生长方向	前后生长，无螺顶	左右生长，具螺顶
是否有厣	无	通常有
运动方式	漏斗喷水，反射推进	靠腹足运动

三　头足纲动物与人类

1. 重要的渔业资源

在我国，曼氏无针乌贼曾是舟山渔场的主要特色海产之一，与大黄鱼、小黄鱼、带鱼并称"四大海产"，但由于过度捕捞，自20世纪70年代中期，曼氏无针乌贼数量急剧下降，资源衰退明显，至今一蹶不振。在《水产资源繁殖保护条例》中，乌

曼氏无针乌贼

贼已被列为重点保护对象。现在曼氏无针乌贼已成功实现人工繁殖，并加入渔业资源增殖放流的行列，对海洋渔业资源修复有积极的意义。

2. 鹦鹉螺与潜水艇

鹦鹉螺壳的气室充满空气，气室之间有串管，可以输送气体进入各气室。鹦鹉螺通过调节气室中的气体，操纵身体浮沉。鹦鹉螺这种特殊的身体结构为人类建造潜水艇提供了灵感。人类模仿鹦鹉螺的上浮、下潜方式，制造出了潜水艇。1954年，世界第一艘核潜艇——"鹦鹉螺"号诞生。"鹦鹉螺"号总重2 800吨，艇长97.5米，宽8.4米，平均航速20节，最大航速25节。"鹦鹉螺"号潜水艇外壳厚实，在水下行进时，凭借声呐，可以自由探路而不会触礁撞石。

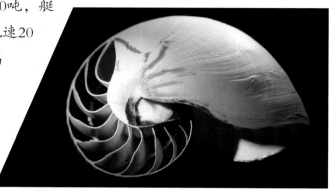

鹦鹉螺壳

解剖鱿鱼

1. 实验目的

了解鱿鱼的外部形态、内部构造；进一步熟悉解剖实验的操作流程。

2. 实验要求

能够辨认鱿鱼的腕、吸盘、眼、外套膜、颚片和各个脏器。

3. 实验材料

鱿鱼、解剖盘、解剖剪、镊子等。

4. 实验步骤

（1）每组同学领取1套解剖器材、1只鱿鱼。

（2）将鱿鱼放入解剖盘中，观察鱿鱼的外部形态。

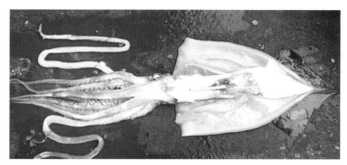

鱿鱼解剖图

（3）用解剖剪将鱿鱼的外套膜自眼处剪开，平铺在解剖盘中央，观察其内部结构。

5. 注意事项

小心使用解剖器材，避免受伤。

五 课后思考

(1) 乌贼的名称因何而来？

(2) 乌贼有几条腕？腕有什么作用？

(3) 怎样区分乌贼、鱿鱼和章鱼？

(4) 为什么说鹦鹉螺为人类建造潜水艇提供了灵感？

(5) 鹦鹉螺与腹足纲螺类有什么区别？

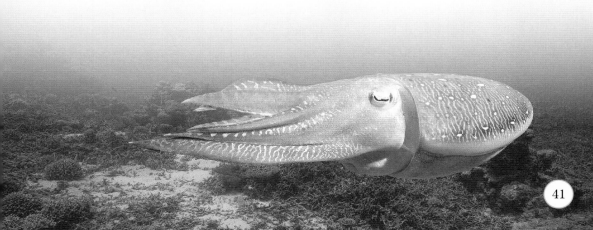

第六单元　节肢动物

　　节肢动物门是动物界种类最多的门，与人类的生活、健康、经济等有十分密切的联系。节肢动物在陆地、淡水、海洋中均有分布，共发现100多万种现生种，约占已知现生动物种类的4/5。节肢动物的主要特征：具有外骨骼，有蜕皮现象；身体左右对称，异律分节，体节上长有具关节的附肢；多为雌雄异体，生殖方式多样，一般为卵生；水生种类的呼吸器官为鳃或书鳃，陆生的为气管或书肺或兼有。

　　节肢动物门主要包括肢口纲、海蛛纲、甲壳纲等。其中，肢口纲和海蛛纲动物全部生活在海洋中；甲壳纲动物绝大多数海生，少数生活在淡水，极少数陆生。

二　节肢动物的代表种类

1. 肢口纲

肢口纲动物的身体分为头胸部、腹部和剑尾3部分。其头胸部呈马蹄形，所以又被称为马蹄蟹。腹部有6对附肢。呼吸器官为书鳃。现存的肢口纲动物只有4种，统称鲎（hòu），被称作"活化石"。肢口纲动物雌雄异体。在繁殖季节，雌体背负雄体生活，形影不离，是赫赫有名的"海底鸳鸯"。

代表种 **中国鲎**

我国常见的肢口纲动物是中国鲎，又称为三刺鲎，体长可达60厘米。平时钻到低潮带以下的泥沙里生活，退潮时常常在沙滩上缓慢爬行。以环节动物、腔肠动物、软体动物等为食。中国鲎在我国分布于浙江、福建、台湾、广东、广西、海南、香港、澳门沿海。

2. 海蛛纲

海蛛纲动物均生活于海洋中，又被称作海蜘蛛，因为它们与陆地上的蜘蛛体形相似。海蜘蛛体长1～10毫米，身体分部不太明显，附肢特别发达。没有专门的呼吸或排泄器官，呼吸和排泄主要依靠体壁和消化道壁的扩散作用。多数种类为肉食性，少数种类以藻类为食。

3. 甲壳纲

甲壳纲动物的身体分为头胸部和腹部，体节及附肢较多。用鳃呼吸，雌雄异体，多数有抱卵行为。甲壳纲种类多，约67 000种。

再生是指生物的器官损伤后，受伤的地方会长出与原来形态、功能相同的结构的现象。有些螃蟹遇到危险时，会断掉自己的足逃跑。经过一段时间后，新的足会长出来，而且和原来的足一样。除了螃蟹之外，海星、海参等海洋动物也具有再生的能力。

代表种　梭子蟹

　　梭子蟹是我国沿海重要的经济蟹类，常见的有三疣梭子蟹、红星梭子蟹等。梭子蟹最突出的形态特征是头胸甲呈梭形，因而得名。梭子蟹背腹扁平，甲壳较厚，眼柄分节。头胸部前5对附肢称为颚足，用于摄食，后5对附肢称为步足：第1对步足称为螯足，用于捕食；第2、3、4对步足用于爬行；第5对步足呈浆状，用于游泳。腹部退化呈片状，贴在头胸部下方。梭子蟹游泳能力较强，以鱼类、贝类、藻类为食。

代表种　巨螯蟹

　　巨螯蟹是现存最大的甲壳动物，也是蜘蛛蟹科巨螯蟹属唯一的物种。体呈深橙色，有5对长肢，第一对发展成螯。2只复眼长在身体前方，之间有2根棘刺。有的巨螯蟹样本体长38厘米，重达20千克，臂展4.2米。

　　巨螯蟹生活在日本岩手县至我国台湾东北角以外的太平洋海域，成体往往在水深50～600米处、平均水温10～15℃的海底淤泥环境活动，主要以鲨鱼、盲鳗（mán）等鱼类为食。

　　随着巨螯蟹的生长，旧壳不能再容纳它，巨螯蟹只有蜕掉旧壳才能继续生长。蜕壳时，巨螯蟹的头胸甲和腹部之间会产生裂缝，背部隆起，旧壳中的身体先蜕出，随后两侧附肢收缩摆动蜕出旧壳。

巨螯蟹蜕壳

代表种　寄居蟹

　　寄居蟹的腹部又长又软，喜欢呈螺旋形盘曲在螺壳里，并用腹部的末端钩住螺壳，用螯挡在螺壳口来抵御敌害。

　　在寄居蟹的外壳上常有与它共生的海葵。寄居蟹喜欢在海中四处游荡，原本不移动的海葵跟随着寄居蟹，扩大了觅食区域。而对寄居蟹来说，海葵可以为自己提供伪装，而且海葵能分泌毒液吓退寄居蟹的天敌，保障寄居蟹的安全。这就是寄居蟹与海葵的共生关系。

　　寄居蟹长大后，必须要换一个更大的"房子"。寄居蟹如果找到看上去不错的螺壳，就会把螺壳里的生物赶走或杀死，然后自己钻进去体验螺壳是否舒适，如果它不喜欢就会弃之不管，继续寻找合适的"房子"。它找到新"房子"后，它还会把旧"房子"上的海葵搬到自己的新"房子"上。

三　节肢动物与人类

1. 有益的方面

（1）节肢动物中，大多数虾、蟹可供人类食用，滋味鲜美，营养价值高。

（2）从虾、蟹壳等提取的甲壳素是重要的工业原料。

（3）节肢动物的桡（ráo）足类、枝角类是鱼类的天然饵料，对经济鱼类的养殖有重要意义。

寄居蟹

（4）节肢动物可用于制药。例如，鲎的血液因含有铜离子而呈蓝色，可制备内毒素检测试剂——鲎试剂。

2. 有害的方面

（1）有的节肢动物传播疾病，严重威胁人们的健康和生命。

（2）大量藤壶等节肢动物附着在船体，会增大船只航行阻力。

（3）寄生生活的节肢动物危害经济动物的健康。

四　实验

观察口虾蛄的外部形态

1. 实验目的

认识青岛常见的海产节肢动物——口虾蛄。

2. 实验要求

辨别口虾蛄的眼柄、触角（2对）、颚足（5对）、步足（3对）、游泳足（5对）、尾扇；准确鉴别口虾蛄的雌雄。

3. 实验材料

口虾蛄、解剖盘、标签。

4. 实验步骤

（1）每组同学领取1个解剖盘、1只口虾蛄，将口虾蛄放置于解剖盘中央位置，观察其结构。

（2）鉴别口虾蛄的雌雄：雄性第3对步足基部有管状的交接器，雌性没有；交配过的雌性第6～8胸节形成乳白色的"王"字。

（3）将准备好的标签准确放置在口虾蛄的各个部位。

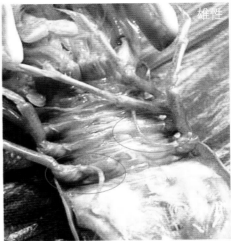

鉴别口虾蛄的雌雄

5. 注意事项

口虾蛄甲壳坚硬、有刺，须小心操作，避免扎伤。

五 课后思考

（1）如何鉴别螃蟹和口虾蛄的雌雄？

（2）节肢动物有哪些主要特征？

（3）节肢动物与人类的生活有怎样密不可分的关系？

第七单元　棘皮动物

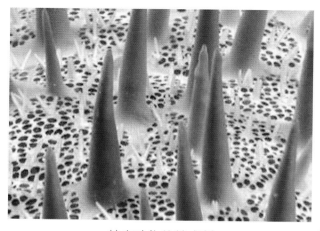

一　棘皮动物简介

　　生活在地球上的棘皮动物有7 000余种，分为5个纲：海百合纲、海星纲、蛇尾纲、海参纲、海胆纲。我们生活中常见的海星、海胆和海参都是棘皮动物。棘皮动物的主要特征：全部生活在海中；身体辐射对称，且大多为五辐射对称；有内骨骼，内骨骼常突出体表，形成棘或刺，显得表面粗糙，故称棘皮动物；特有的结构是水管系统和管足，管足兼有呼吸和运动功能；通常行动迟缓，神经系统和感官不发达；雌雄异体。

棘皮动物的棘或刺

二 棘皮动物的代表种类

1. 海百合纲

海百合纲动物是最原始的棘皮动物，现存600余种。海百合纲动物5个腕的基部大多有分支，使身体呈杯状。幼体均有柄。成体有的有柄，固着生活，如海百合；有的无柄，自由生活，也可用卷枝暂时附着在浅海，如海羊齿。

海羊齿

代表种 **海百合**

海百合是海百合纲中80多种具有长柄、固着生活的物种的统称。它们通常在水深200米左右的软泥或沙质海底生活。海百合个体分为根、柄、冠三部分。柄由许多骨板构成，其上有卷枝。海百合卷枝很多，随水流漂曳，姿态优美，是海底世界一处亮丽的景观。

2. 海星纲

海星纲动物身体扁平，通常五辐射对称，腕数大多为5的倍数，体盘和腕之间的分界不明显。常见的有海燕、海盘车等，约1 500种。海星分布在世界各海区，太平洋海域的种类最多。它们喜欢生活在潮间带的礁石间或海底，运动缓慢，多数是肉食性动物。

海星体表粗糙，内骨骼向外突出成棘或刺，其间分布有叉棘和皮鳃。棘、刺具有保护身体的功能。皮鳃呈泡状，是呼吸器官。自然状态下，海星的口面向下，反口面向上。反口面隆起，中央有肛门（已无肛门功能），旁边有1块圆形多孔的小板，叫作筛板，是海水出入的通道。各腕的中央有1条由口伸向腕末端的步带沟，步带沟内伸出2排管足，管足的末端有吸盘。

海星的口位于体盘正中央，大型的食物残渣由口吐出。海星通常以软体动物、棘皮动物、蠕虫等为食。贝类是某些海星喜爱的食物，捕食贝类时，它们先将猎物包裹，然后用管足将贝壳拉开。有些海星种类的胃可以从口中翻出，包住食物，再缩回体内消化食物。

水管系统是海星特有的器官。它们体腔的一部分特化形成一系列管道，有开口（筛板）与外界相通，海水可以进入体腔循环。管足是海星的运动、感觉器官，还有呼吸和摄食的作用。海星利用管足的移动和管足上吸盘的吸力，在海底行走或固定不动。

海星的呼吸是通过皮鳃进行的，管足也起到一定的作用。皮鳃是从骨板间伸出的膜状突起，内面与体腔相通。代谢产生的废物由体腔液中的变形细胞吞噬，经皮鳃排出体外。

海星的感觉器官不发达，每个腕的末端反口面有1个眼点，可以感光。海星口周围的管足有嗅觉功能。

海星的再生能力很强，能断腕再生，但不是所有海星都能再生。

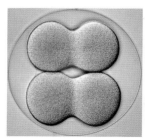
受精卵分裂

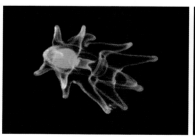
羽腕幼虫

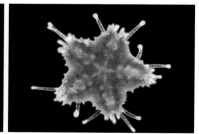
幼体海星

海星雌雄异体，卵在海水中受精。幼虫时期是左右对称的，随着成长发育才变成辐射对称。

 海燕

海燕是海星纲海燕科物种的统称。它们通常有5个短而宽的腕，也有的具有4个、6个、7个或8个腕。海燕广泛分布在我国黄海、渤海，在青岛沿岸尤为常见，通常生活于浅海和潮间带的沙地、岩礁底部，为肉食性，捕食软体动物等。

3. 蛇尾纲

蛇尾纲动物的腕细长，能弯曲，腕与体盘之间有明显分界，没有步带沟。蛇尾纲约2 000种，常见的有海盘、真蛇尾、刺蛇尾、阳遂足等。

代表种 **刺蛇尾**

刺蛇尾体色呈现绿、蓝、褐等颜色，有7～9个略扁的腕，腕长4～6厘米，腕上有细刺，并常有颜色深浅不一的斑纹。刺蛇尾常栖息在岩石下面或海藻丛生处。在我国福建南部沿岸分布较多。

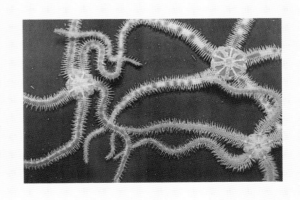

4. 海胆纲

海胆纲动物为球形或半球形，无伸展的腕，体表长有可以活动的棘刺、叉棘，骨板形成坚硬的壳。海胆纲约950种，常见的有紫海胆、马粪海胆、石笔海胆、心形海胆等。

代表种　环刺海胆

环刺海胆身体呈黑色，长有许多长长的尖刺，这些尖刺中空，并且带有浅色和深色相间的条纹。环刺海胆性情温和，生长在珊瑚礁间，白天躲藏在礁石缝隙中，夜晚出来觅食。它通常捕食小型无脊椎动物、小鱼等。

5. 海参纲

海参纲动物大多为蠕虫状，也称为"海黄瓜"。无腕，体壁柔软，背面的管足常特化为乳突状或锥状肉刺，无运动功能。海参的呼吸器官是分支的树状结构，称为呼吸树或者水肺。海参纲有1 700多种，常见的有刺参、梅花参、海棒槌等。

代表种　白刺参

白刺参又称白玉参，是灰刺参基因发生突变而形成的，在自然界中极为罕见。白刺参对水质要求极高，如果海水受到轻微污染，就无法存活。因此，白刺参的食用安全性也较高，是代表未来海参产业发展方向的海参新品种。

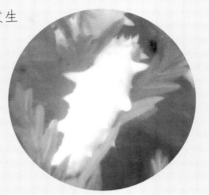

三　棘皮动物与人类

海参中有40多个种类可供人类食用，如梅花参、刺参等，营养丰富，是优良的滋补品。海参、海胆可入药。海胆、海星、海蛇尾可以作为饲料和肥料。海胆喜欢吃海藻，是藻类养殖的敌害生物。许多海星喜欢吃贝类，危害贝类养殖，也会对珊瑚礁造成危害。有些棘皮动物的棘刺有毒，捕捉它们时要格外注意。

四　实验

观察海盘车的外部形态

1. 实验目的

认识青岛常见的棘皮动物——海盘车。

2. 实验要求

区分海盘车的口面、反口面，辨认出口面、反口面上的器官。

3. 实验材料

海盘车、解剖盘。

4. 实验步骤

（1）每组同学领取1个解剖盘、1只海盘车，将海盘车放置于解剖盘中央位置，观察其外部结构。

（2）区分海盘车的口面及反口面；辨别反口面的体盘、腕、肛门、棘、筛板、眼点，辨别口面的口、步带沟、管足、吸盘。

海盘车反口面　　　　　　　　　　　　海盘车口面

5. 注意事项

要耐心等待合适的时机观察海盘车的管足，切忌拍打桌子、碰触海盘车而导致实验失败。

五　课后思考

（1）棘皮动物名称因何而来？

（2）棘皮动物门分为哪几个纲？

（3）海星的管足有什么作用？

第八单元　脊椎动物

　　脊椎动物是动物界中最高等的门类，是与人类关系最密切的动物类群。脊椎动物亚门包括圆口纲（如七鳃鳗）、软骨鱼纲（如鲨鱼）、硬骨鱼纲（如小丑鱼）、两栖纲（如大鲵）、爬行纲（如海龟）、鸟纲（如海鸥）和哺乳纲（如海豹）。

　　脊椎动物的主要特征：身体多呈左右对称，躯干具有附肢（鳍或四肢），陆生种类具有颈部，使头部更为灵活；主要骨骼由肌肉包围，用于支撑身体及运动；体外常着生齿、角、鳞、毛、羽、蹄、爪等；脑位于头部；出现了能收缩的心脏；原始的水生种类用鳃呼吸，陆生种类用肺呼吸。

第一课 鱼 类（一）

鱼类是我们熟悉的水生动物，它们是以鳍游泳、用鳃呼吸、终生生活在水中的变温脊椎动物，包括软骨鱼和硬骨鱼。

1. 鱼类的5种基本体形

（1）纺锤形：这是鱼类中最常见的体形，这样的鱼往往游动时阻力小，游泳迅速；如金枪鱼。

（2）侧扁形：侧扁体形的鱼类多栖息于水流较缓的水域，运动不太敏捷；如鲳鱼。

（3）平扁形：这种体形的鱼类大多栖息于水底，运动较迟缓；如鳐。

（4）鳗形：这种体形适于穴居或穿绕水底礁石岩缝间；如海鳗。

（5）不对称形：如比目鱼。

有的鱼类并不具备上述基本体形，而呈带形、箱形、球形、海马形、翻车鲀形、箭形等。

2. 鱼类的身体结构

鱼的口位于头的前部，是索饵的工具。鱼眼既无泪腺又无真正的眼睑（jiǎn）。鼻孔是嗅觉器官的通道。硬骨鱼头的后侧有骨质鳃盖，以鳃盖骨后缘区分头部和躯干部；而软骨鱼无鳃盖，有5～7对鳃裂，以最后1对鳃裂为头部和躯干部的分界。躯干部与尾部的分界为肛门或尿殖孔后缘。

鱼类的皮肤由表皮和真皮组成，还有色素细胞、毒腺、发光器和鳞片等皮肤衍生物及附属结构。皮肤的功能主要是保护身体，有些种类的皮肤还有辅助呼吸、感受外界刺激和吸收少量营养物质的功能。皮肤表面的黏液能润滑鱼的体表，减少游泳时与水的摩擦，保护鱼体使之免遭病菌、寄生虫和病毒的侵袭。

丰富多彩的鱼类体色是由各种色素细胞互相配合而形成的。毒腺有助于鱼类自卫、攻击和捕食。有些鱼类特别是深海鱼类为适应在黑暗环境生活而具有发光器。发光器可用于捕食，也可识别同类。

大多数鱼类的全身或一部分被有鳞片，只有少数鱼类无鳞或少鳞。鳞片具有保护作用，可分为盾鳞、圆鳞、栉鳞、硬鳞等类型。软骨鱼体表为盾鳞；硬骨鱼的大多数种类为圆鳞，有的种类是栉鳞或硬鳞，还有的种类（如鲟鱼）是骨鳞。鳞片上的年轮可作为鱼类年龄的鉴定依据。

盾鳞

骨鳞

3. 鱼类的运动、呼吸及血液循环

鳍是鱼类特有的，是鱼体运动和维持身体平衡的主要器官。胸鳍用于运动、转向和维持身体平衡；背鳍维持鱼体直立和平衡，也可用于攻击或自卫；尾鳍能推进鱼体运动和转变方向；腹鳍和臀鳍可以协助平衡。游速快或做长距离洄游的鱼，尾鳍多呈新月形，尾柄细；而游速慢的鱼，尾鳍多半呈圆形或平直形，尾柄也较粗大。

鳃是鱼类的呼吸器官，位于口咽腔两侧，对称排列。有些鱼类为适应某种特殊的生活条件，除鳃以外还可用皮肤（如鳗鲡、鲇鱼、弹涂鱼等）、肠管（如泥鳅）、口咽腔黏膜（如电鳗）及鳔（如肺鱼、雀鳝等）等辅助呼吸。

鳔是调节鱼体密度的器官，鳔体积的变化能改变鱼体密度，以调节鱼体下沉、上浮或悬浮在一定的水层，并保持身体平衡。绝大多数鱼类有

鳔，少数种类（如软骨鱼、金枪鱼等）无鳔。

鱼类的心脏是一心房一心室，心跳频率一般为每分钟18～20次。脾脏是循环系统中的一个重要器官，具有造血功能。

4. 鱼类的摄食

鱼类的食性有3种：草食性、肉食性、杂食性。

鱼类的摄食方式：① 凶猛鱼类多采用追捕的方式，吞食或吸食，如大白鲨。② 食浮游生物的鱼类多采用滤食的方式，如鲸鲨。③ 食底栖生物的鱼类多为刮食，如黑花鱂（jiāng）。④ 口呈管状的鱼类多吮吸食物，如海马。⑤ 还有的鱼类寄生于其他生物，如寄生鲇鱼。

鱼类口的位置与食性有关。软骨鱼类口多位于腹面。硬骨鱼类中，口上位的鱼类主要以浮游生物为食，口下位的鱼类主要以底栖生物为食，口端位的鱼类主要取食中上层生物。

5. 鱼类的繁殖

鱼类大多是雌雄异体，少数种类有雌雄同体现象，如鲱鱼、鳕鱼等，还有的鱼类有性逆转现象，如小丑鱼、石斑鱼等。性逆转的动物主要是因为体内既有雄性生殖器官又有雌性生殖器官，一般表现为其中一种，而当某些时候，被抑制的另一种生殖器官被激活，从而表现为另一种性别。硬骨鱼类的生殖方式大多为卵生，少数为卵胎生，如鳉科的孔雀鱼。还有些特殊的鱼类由雄性负责繁育，如海龙科的海马、海龙。

小丑鱼产卵

硬骨鱼的代表种类

代表种 花鲈

花鲈又被人们称为鲈鱼、寨花，分布于我国、朝鲜和日本沿海，喜欢栖息于淡咸水交汇的河口区。幼鱼主要以小虾等为食，成鱼可以捕食其他鱼类。花鲈生长迅速，肉味鲜美，在我国沿海产量较高，是一种重要的经济鱼类，深受人们的喜爱。

代表种 金透红小丑鱼

金透红小丑鱼，即棘颊雀鲷。成年的金透红小丑鱼身体颜色为暗红色，在眼睛后、背鳍中间、尾柄处有3条金黄色环带。幼鱼期，身上的条带呈白色，随着鱼龄的增加，这些条带会逐渐转为金色。通常，从白色条带的幼鱼到金色条带的成鱼需要1年的时间。

野生金透红小丑鱼具有强烈的领地性和攻击性，它们的进攻性是小丑鱼中最强的。通常，在一个水族箱内只能饲养1条或者1对野生金透红小丑鱼，很难饲养更多条。人工培育的金透红小丑鱼，进攻性与野生品种相比有所降低，可以在水族箱内饲养多条，但仍然很好斗。

三 鱼类与人类

鱼类在水产事业中具有突出的经济意义。鱼的肉味鲜美，是高蛋白、低脂肪、易消化的优质食品。此外，人类还对鱼类进行了广泛的综合利用：为工业和医药生产提供原料，比如鱼鳞可提取制成"鱼银"（鸟嘌呤的针状或板条状晶体，可用于制造仿珠的涂层）、鱼鳞胶等；鱼类肝胰脏可提取制成鱼肝油等；海马、海龙是传统中药；鱼的头、骨、刺等不宜食用的部位以及杂鱼，常用于生产鱼粉。

四 实 验

解剖硬骨鱼

1. 实验目的

了解鱼类的外部形态和内部结构特征。

2. 实验要求

进一步熟练掌握解剖器材的使用；明晰鱼类各部分结构的名称和功能。

3. 实验材料

竹荚鱼、解剖盘、解剖剪、镊子、尺子。

4. 实验步骤

（1）每组同学领取1套解剖器材、1把尺子、1条竹荚鱼，将竹荚鱼放置于解剖盘中央。

（2）对鱼进行体长、叉长、全长测量。

（3）观察鱼鳍（胸鳍、腹鳍、背鳍、尾鳍、臀鳍）、鱼眼。

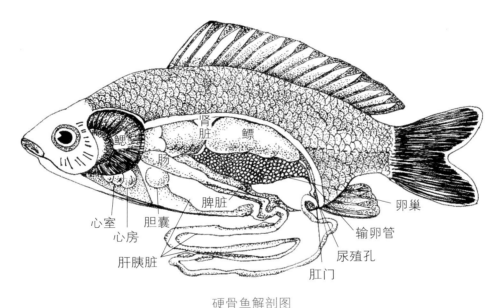

硬骨鱼解剖图

（4）剪掉鱼的鳃盖骨，观察鱼鳃。

（5）从鱼的肛门处将鱼的腹部剪开，剪至鳃弓下端，再剪去鱼的体侧肌肉，观察鱼的内脏。

5. 注意事项

（1）小心使用解剖器材，注意安全。

（2）解剖鱼腹时注意不要剪破内脏。

（3）小心操作，避免被鱼刺扎伤。

五 课后思考

（1）墨鱼、章鱼、鱿鱼、鲸鱼、娃娃鱼、鳄鱼不是鱼，为什么它们的名字中有"鱼"？

（2）你见过的鱼有哪些？各属于何种体形？

（3）硬骨鱼类大多有鳔，鳔有什么作用？它是如何发挥作用的？

第二课 鱼类（二）：鲨鱼

 **鲨鱼简介**

鲨鱼为软骨鱼。全世界已发现的约有500种，我国记录有100多种。除极少数种类外，几乎都生活在海洋。鲨鱼比恐龙出现得早，至今已在地球上生活了4亿多年。

关于鲨鱼的事实

① 鲨鱼终生都在生长；② 鲨鱼都是肉食性的，号称"海洋猎手"；③ 超过80%的鲨鱼不会伤害人类；④ "鲨鱼能够抗癌"是错误的，证据表明，鲨鱼也会受到癌症的侵扰；⑤ 鲨鱼的智力与小型哺乳动物相当；⑥ 鲨鱼不能倒着游，它必须停下来再转向；⑦ 小鲨鱼一生下来就得自力更生，不会得到母亲的照顾，必须自己去面临挑战；⑧ 鲨鱼没有鱼鳔，靠特别大的肝脏和不停的游动来调节沉浮。

1. 鲨鱼的感觉系统

鲨鱼有超强的嗅觉，对血腥味尤其敏感。有些鲨鱼可以嗅出水中1×10^{-6}（百万分之一）浓度的血腥味。例如，大白鲨可以嗅到数千米之外受伤的人和海洋动物的血腥味。

鲨鱼的听觉敏锐，可感受到1.6千米远的声音。鲨鱼并不是真的"听"到声音，而是感觉到声波的振动。当声波传来时，鲨鱼内耳的感觉细胞受到刺激，再经过听神经传递到大脑，令鲨鱼做出反应。

鲨鱼的视觉不如嗅觉，只能看清25米以内的物体，所以有时鲨鱼会把趴在冲浪板上面的人误以为是海豹而发动攻击。目前仍不能确定鲨鱼是否可以分辨颜色。

鲨鱼也有味觉。鲨鱼的口及食道里有许多味蕾突起，当察觉到不喜欢的味道时便会把食物吐出。大多数鲨鱼对食物十分挑剔。

鲨鱼身体两侧各有一条贯穿前后的神经线，称为侧线，这个敏感的器官可以感知100米之外水流的细微振动。鲨鱼头部的罗伦氏器能接收到水中猎物的微弱信号，帮助捕食。有些种类的鲨鱼还能利用地球磁场导航，以便在海洋中定向旅行。

2. 鲨鱼的牙齿

大多数鲨鱼有5排利齿，低鳍真鲨有7排。只要前排的牙齿脱落，后排的牙齿便会补上。鲨鱼的一生需更换上万颗牙齿。大白鲨以强大的牙齿称雄，牙齿呈锯齿状，如此一来，大白鲨不但能紧紧咬住猎物，也能撕碎猎物。巨齿鲨是一种生活在200万年前的巨型鲨鱼。受气候变化影响，巨齿鲨已灭绝。人们发现的巨齿鲨牙齿化石长约18厘米，据此推测巨齿鲨体长可达21米。

大白鲨的牙齿　　　　　　锥齿鲨的牙齿　　　　　　巨齿鲨的牙齿化石

3. 鲨鱼的繁殖

鲨鱼一般雌雄异体，体内受精。雄性鲨鱼有鳍脚，雌性鲨鱼体型通常比雄性鲨鱼大。鲨鱼有3种繁殖方式：卵生、卵胎生、胎生。每种鲨鱼都通过其中的一种繁殖方式进行繁殖。

（1）卵生：受精卵从母体排出体外时，外面包着一个硬壳，靠吸收卵黄的营养进行发育，即卵黄营养、体外发育；如豹纹鲨、斑竹鲨。

（2）卵胎生：受精卵在母体内靠卵黄的营养发育长大，即卵黄营养、体内发育；如可见于青岛近海的皱唇鲨、大白鲨。

（3）胎生：受精卵体内发育，前期营养由本身的卵黄提供，后期吸收母体营养，即母体营养、体内发育；如柠檬鲨、白鳍鲨。

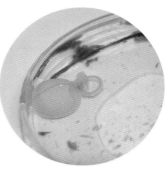

不同时期的鲨鱼宝宝

二 鲨鱼的代表种类

代表种 **最大的鲨鱼——鲸鲨**

鲸鲨身体庞大，全长可达12米多，是世界上最大的鱼类。体表散布淡色斑点与纵横交错的淡色带，有如棋盘。鼻孔位于上唇的两侧。牙齿多而细小，排成多行。鲸鲨是大洋性鱼类，主要分布在热带和温带海域，食用浮游生物和小型鱼类。鲸鲨性情温和，但由于被人类大量捕杀，数量锐减。

最小的鲨鱼——侏儒鲨

　　侏儒鲨是鲨鱼家族最小的成员之一，身体最长也不超过30厘米。侏儒鲨是深海鱼类，它们的腹部分布有许多发光器官，这些发光器官有助于侏儒鲨迷惑捕食者和猎物。鱼类学家曾对侏儒鲨一无所知，直到1907—1910年，美国渔业管理委员会的蒸汽船"信天翁"号在菲律宾探险期间捕到了一条。尽管侏儒鲨最早是在菲律宾附近海域被发现的，但后来人们证实，它们的踪迹遍布世界各大洋。

最凶猛的鲨鱼——大白鲨

　　大白鲨又称噬人鲨，是最大的食肉鱼类。成年大白鲨体长可达6米多，体重可达2吨。大白鲨尾鳍呈新月形，牙齿大且有锯齿缘，呈三角形，长四五厘米。大白鲨分布于热带及温带的开放大洋，也会进入内陆水域。它们最喜欢捕食海豹、海狮，偶尔也会吃海豚、鲸鱼尸体，比较具有进攻性，可以说是海洋食物链的"终极"，即最高级消费者。

代表种 **最奇特的鲨鱼——双髻鲨**

双髻鲨又称锤头鲨。头部有左右两个突起，每个突起上各有一只眼睛和一个鼻孔。两只眼睛相距约1米，这样的眼睛位置对它观察周围情况非常有利。而且双髻鲨通过摇摆脑袋，可以看到360°范围内发生的情况。

代表种 **能隐身的鲨鱼——扁鲨**

扁鲨的外形与常见的鲨不同，它的身体平扁，很像一把琵琶，故也有人称其为琵琶鲨。扁鲨潜伏在海底时，可以将自己伪装成为海床的一部分，以逸待劳捕获食物。一旦受到惊吓，则可扇动其宽大的胸鳍，既可"飞"又可"滑翔"，而且"起跑"速度快得惊人。扁鲨喜欢夜间活动，它们主要吃底栖的硬骨鱼、鳐科鱼类及无脊椎动物。

代表种 长有吻锯的鲨鱼——锯鲨

锯鲨长相似锯鳐，眼睛至吻尖细长，边缘排列着像锯齿一样的大小突起。像其他鲨鱼一样，锯鲨的头部两侧有鳃，这是它们区别于锯鳐的一个特点（锯鳐的鳃位于身体的下部）。另外，锯鲨的锯吻上有一对肉质触须，锯鳐则没有。锯鲨看上去极具攻击性，但其实性格温和。一般生活在几十米深的海底，以底栖生物为食。锯鲨被列入《濒危野生动植物种国际贸易公约》附录Ⅱ，严格禁止交易。

三 鲨鱼与人类

据估计，每年全球有超过1亿条鲨鱼被捕杀，鲨鱼总数大幅减少，50年来下降了80%，可以说人类是所有鲨鱼的天敌。大量捕杀处于海洋生态系统"金字塔"顶端的鲨鱼，会对鲨鱼造成毁灭性的影响，严重打乱海洋生态平衡。一些鲨鱼种类已经处在灭绝的边缘。在《世界自然保护联盟濒危物种红色名录》中，大白鲨、镰状真鲨、钝吻鲨等都被列为"易危"级别，而鲸鲨、豹纹鲨等已处于"濒危"级别。

鱼翅就是鲨鱼鳍的细丝状软骨。获得鱼翅的过程尤为残忍：由于鲨鱼肉价值很低，鲨鱼被割鳍后会被抛回海中。这些鲨鱼并不会立刻死亡，但会因失去游泳能力而窒息死亡，或者被其他鲨鱼捕食。若不阻止鱼翅消费，鲨鱼30年内将被捕捞殆尽。况且鱼翅的营养价值并不是很高，且含有汞、铅等重金属。因此我们倡议：保护鲨鱼，拒绝鱼翅。

四 **实 验**

解剖条纹斑竹鲨受精卵

1. 实验目的

了解以卵生方式繁殖的条纹斑竹鲨的受精卵孵化过程。

2. 实验要求

熟练掌握解剖器材的使用方法；认真观察鲨鱼受精卵的形态结构。

3. 实验材料

条纹斑竹鲨受精卵、海水、解剖盘、培养皿、镊子、解剖剪。

4. 实验步骤

（1）每组同学领取1套解剖器材、1个培养皿（内有海水）、1粒条纹斑竹鲨受精卵，将鲨鱼卵放入培养皿，放置于解剖盘中央。

（2）左手拿镊子夹住卵荚边缘处，右手拿解剖剪沿卵荚边缘轻轻剪开一个长约5厘米的缺口。

（3）左右手分别轻捏卵荚的两端，将剪开的缺口朝下，缓缓地将卵荚的内容物倒在培养皿中。

（4）将卵荚从培养皿中取出，观察培养皿中新出的小鲨鱼以及未被小鲨鱼完全吸收的卵黄。

解剖鲨鱼卵

5. 注意事项

（1）解剖动作务必轻柔、利落，切忌拖泥带水。

（2）实验过程中卵荚以及小鲨鱼必须全程浸在海水中，避免小鲨鱼死亡。

（3）严禁用手、实验器材触碰小鲨鱼。

五　课后思考

(1) 为什么说人类是所有鲨鱼的天敌?

(2) 刚出生的鲨鱼宝宝由谁来照顾?

(3) 鲨鱼的3种繁殖方式有什么区别? 大白鲨的繁殖方式是哪一种?

第三课 海洋哺乳动物

 海洋哺乳动物简介

哺乳动物是全身被毛、运动快速、恒温、胎生和哺乳的脊椎动物。它是脊椎动物中身体结构、功能和行为最复杂的高等动物类群。鸟类和哺乳类都是从爬行动物起源的，它们对陆地生活的适应有许多共同之处：运动快速，体表结构能防止体内水分蒸发，具有完善的神经系统和繁殖方式，体温恒定。

与之前介绍的动物相比，哺乳动物的进步主要表现在以下几方面：① 具有发达的神经系统和感觉器官，能够协调复杂的活动，适应多变的环境。② 出现了口腔咀嚼和消化，大大提高了对能量的摄取效率。③ 具有较高并且恒定的体温，为25～37℃，减少了对环境的依赖。④ 具有快速运动的能力。⑤ 胎生、哺乳，这保证了后代有较高的成活率。这些进步的特

征，使哺乳动物能够适应各种各样的环境条件，分布几乎遍及全球，形成了陆地栖息、穴居、飞翔和水中栖息等多种类群。

哺乳动物中有一些特殊的类群，它们适应了海洋环境，通常被人们称为海兽，即海洋哺乳动物。海洋哺乳动物胎生、哺乳，用肺呼吸，体温恒定，有些种类的身体呈流线型且前肢特化为鳍状，长时间在海里生活或以海洋中的资源为生。有的海洋哺乳动物需要间歇性地到陆地上休息或繁殖，有的则不需要。海洋哺乳动物分布在从南北两极到赤道的世界各海域，以北大西洋、北太平洋、北冰洋和南极海域为多。

有些海洋哺乳动物的体型很大，是许多陆生哺乳动物无法相比的。蓝鲸是世界上最大的动物，体长可达33米，重达190吨。即使体型最小的海洋哺乳动物——海獭（tǎ），其

海獭

成年雄性体长也达1.47米，重约45千克。

海洋哺乳动物都是游泳生物。鳍脚目动物和海獭、北极熊是半水生生物，均具有四肢，外形与陆上兽类相似；鲸类和海牛类是全水生生物，后肢消失，体形似鱼，但它们的尾鳍呈水平状，与鱼类的垂直状尾鳍不同。所有海洋哺乳动物都从水中获取食物，鲸类、鳍脚类和海獭为食肉动物，海牛类为食草动物。

海洋哺乳动物由陆地动物演化而来，依然保留着用肺呼吸的方式，因此每隔一段时间就需浮出水面换气。它们不但善于游泳，还善于潜水，抹香鲸可潜在水中长达1.5小时。

由于海洋哺乳动物在高纬度海域分布尤多，为保持体温，防止体热过多散失，它们都采取了防护措施：鲸类具有很厚的皮下脂肪，鳍脚类具有很好的毛皮。

我国现有海洋哺乳动物37种，分属于鲸目、海牛目、食肉目。

 海洋哺乳动物的代表种类

1. 鲸目

鲸目全水栖，形似鱼；皮肤裸露，仅吻部有少许刚毛，皮下脂肪肥厚；前肢鳍状，后肢退化，尾为游泳器官；眼小，视力差，觅食和避敌主要靠回声定位。

世界上现存的鲸类有90多种，大体可分为2类：须鲸类和齿鲸类。须鲸类的齿在出生时变为须，齿鲸类终生有齿。须鲸的体型较大，利用鲸须过滤水中浮游生物，如座头鲸和地球上现存最大的哺乳动物蓝鲸等。齿鲸一般体型相对较小，有抹香鲸及白鲸等，以鱼或海豹等海洋动物为食。其中，小型齿鲸统称海豚，生活在我国长江里的江豚是世界上最小的鲸。

代表种　白鱀豚

白鱀（jì）豚又称中华江豚，是我国特有的一种小型鲸，从三峡地区的宜昌葛洲坝上游35千米处，一直到长江入海口均有分布。白鱀豚身体呈纺锤形，全身皮肤裸露无毛，尾鳍呈新月形，有恒定体温，保持在36℃左右。体长1.5～2.5米，成熟雌性个体最大体长为2.5米，雄性为2.3米；体重100～150千克，最重达230千克。白鱀豚是国家一级保护动物，也是世界上最濒危的动物之一。2007年8月8日，英国皇家学会的期刊发表报告，正式宣告白鱀豚功能性灭绝。

代表种 中华白海豚

　　中华白海豚是国家一级保护动物。身体呈纺锤形，吻部突出、狭长，成体体长2.0～3.5米，体重150～250千克。背鳍突出，胸鳍较圆且运动灵活，尾鳍呈水平状。刚出生的中华白海豚体呈深灰色，随着生长逐渐变为灰色，成年时则呈粉红色。中华白海豚身上的粉红色并不是色素造成的，而是由表皮下的血管导致的。中华白海豚喜欢栖息在亚热带海区的河口等咸淡水交汇水域，在澳大利亚北部、非洲印度洋沿岸、东南亚太平洋沿岸均有分布。中华白海豚在我国分布比较集中的区域有两个，分别是厦门的九龙江口和广东的珠江口。

代表种 蓝鲸

　　蓝鲸是地球上现存最大、最重的动物。分布广泛，从北极到南极的海洋中都能发现它们的踪影。但由于人类捕捞活动和海洋污染，蓝鲸的数量越来越少。

代表种 抹香鲸

抹香鲸是一种大型鲸，雄性体长可达20余米，雌性体型稍小。抹香鲸的头部巨大，故又有"巨头鲸"之称。它们分布于世界各大洋中，在我国见于黄海、东海、南海。

代表种 伪虎鲸

伪虎鲸雌性体长约5米，体重约1 200千克；雄性体型稍大。全身黑色，头圆。分布于除北冰洋外的世界各大海洋，在我国沿海均有分布。伪虎鲸

有重要的科研和观赏价值，经常被水族馆饲养驯化作为观赏动物。

2. 海牛目

海牛目的动物全部在水中生活。它们的身体呈纺锤形，皮厚，毛稀疏；前肢鳍状，后肢缺失；无背鳍，尾宽大扁平；白齿咀嚼面平坦；植食性，主食海草；行动缓慢，好群居。海牛目分为3个科，其中大海牛科的物种已于18世纪灭绝，现存海牛科和儒艮科，共4种。

代表种　儒艮

儒艮成体通常体长不超过3米，体重不超过900千克，全身有稀疏、短细的体毛。儒艮为草食性，分布在我国的广东、广西、海南和台湾南部沿海，多在距海岸20米左右的海草丛中出没，有时随潮水进入河口，取食后又随退潮回到海中。儒艮是国家一级保护动物。

3. 食肉目

海洋食肉目生物包括北极熊、海獭、猫獭和鳍脚类。其中，鳍脚类半水栖，体形与陆地哺乳动物相似；体表密被短毛；头圆，颈短；四肢呈鳍状，前肢可保持平衡，后肢是主要的游泳器官；趾间有蹼；鼻和耳孔均有活动瓣膜，潜水时都关闭；口大，周围有大量触毛，有不同型牙齿；听觉、视觉、嗅觉都灵敏，具有水下声通信和回声定位的能力。鳍脚类包括海豹、海狮和海象。

鲸目动物和海牛目动物终生都生活在水中，而鳍脚类动物（如海豹、海狮）需要到岸上繁殖和休息。海獭和北极熊大部分时间在水中生活，在海中捕食，只在繁殖、换毛或者休息的时候登上陆地或者冰层。北极熊虽然通常在冰上行走，但是当冰融化后，它们也可以在水中游泳。北极熊一天可以游74千米，所以大部分科学家将它们列为海洋哺乳动物。

代表种 海豹

　　海豹是海豹科动物的统称，常见的有斑海豹、港海豹、冠海豹等。它们高度适应海洋中的生活，多数时间在海洋里活动。斑海豹体长1.5～2.0米，体重80～110千克，捕食鱼类、头足类和甲壳类动物。主要分布于北半球的高纬度地区，在我国见于渤海和黄海。斑海豹除产仔、休息和换毛季节需到冰上、沙滩或岩礁上之外，其余时间都在海中游泳、取食、嬉戏。

代表种 海狮

　　海狮因面部像狮子，颈部生有鬃毛，叫声也类似狮子，所以被称为海狮。以北海狮为例，成年雌性体长平均2.5米，体重240～350千克；成年雄性体型稍大。海狮以鱼、乌贼、海蜇等为食。

代表种 海象

海象体躯庞大，成年雄性体重可达2 000千克，雌性体型略小。它们皮厚而多皱，有稀疏的刚毛，长着两枚长长的牙，眼小，视力欠佳。

代表种 北极熊

北极熊又称"白熊"，生活在北极，是庞大的肉食性动物，位于所生存空间里食物链的最顶层。北极熊拥有极厚的脂肪及皮毛来保暖，其体表的白色、黄褐色在雪地上是很好的保护色，而且它们既能在海里也能在陆地上捕捉猎物，因此得以在北极严酷的气候里生存。

三 海洋哺乳动物与人类

　　海洋哺乳动物具有重要的经济价值，与人类生活有着极为密切的关系。它们是优质皮毛、肉、脂、药材等的重要来源，更是维护自然生态系统稳定的积极因素。随着仿生学的发展，人们越来越重视研究海洋哺乳动物的潜水能力、游泳速度、回声定位、体温调节和发达的智力。驯养海洋哺乳动物为军事和潜水作业服务，进行人与动物的"对话"，让海洋哺乳动物充当海洋牧场的"警犬"，诸如此类的工作已在不少国家得到尝试。海洋哺乳动物也是人们喜爱的观赏动物。

喂食海狮、海豹

1. 实验目的

通过近距离接触，了解海狮、海豹的形态特征和食性。

2. 实验要求

能够准确区分海狮、海豹，明晰海狮、海豹各自的形态特点。

3. 实验材料

一次性塑料手套、饲料。

4. 实验步骤

（1）在老师的带领下到海兽馆排队集合，每位同学领取一只塑料手套（喂食使用）。

（2）在工作人员的指导下喂食海狮和海豹。

（3）观察海狮、海豹的形态特征和进食行为。

5. 注意事项

（1）听从老师和工作人员的安排，定时定量喂食。

（2）喂食时与海狮、海豹保持一定距离，采取投喂的方式喂食，避免被咬伤。

（3）实验结束后，自觉将手套扔进垃圾桶。

五　课后思考

（1）海洋哺乳动物与陆地哺乳动物相比有哪些特别之处？

（2）白鱀豚和中华白海豚是同一种生物吗？为什么？

（3）你知道哪些海洋动物属于国家一级保护动物？